跟我一起探索苔的奇妙世界吧!

万物启蒙

CHINA SPIRITUAL HOMELAND

主 编 钱锋

苔

本册主编　冯 永

山东城市出版传媒集团·济南出版社

　　有一种植物，它比恐龙出现得还要早，穿越数亿年，至今生生不息；它无花无果，低调似尘埃，却繁多如星辰，几乎遍布陆地的每个角落；它身形微小，常常被人忽视，却坚韧顽强，在阴凉的角落里兀自生长。

　　它，就是苔藓，植物王国里的绿色小精灵。

　　苔藓，是自然界起源古老、身形迷你的陆生绿植，微小的青翠聚少成多，便是片片苍翠。

　　苔藓，是植物学家眼中的生态功臣，为坚硬的岩石覆盖"绒毯"，助力贫瘠之地积累土壤，更是现代人窗前案头的小盆景、生态瓶、一抹生机。

　　苔藓，是诗人笔下深深庭院里的一缕孤独与思念，或是苍林古寺里的一隅禅意……

　　"返景入深林，复照青苔上"，大概每个人心中，都有一个如王维诗中描绘的静谧世界，那里远离尘嚣，苔色青青。

目录

苔的自然奥秘

什么是苔藓？

　　夏日傍晚，一场雷阵雨过后，当你在公园散步时，或许会发现，大树了无生机的灰褐色树皮上，魔术般地披上了绿油油、湿漉漉的绿"绒毯"。这绿"绒毯"便是苔藓植物。

　　苔藓植物是最古老的高等陆生植物之一。在植物界，苔类、藓类和角苔类植物因为生活史相近，被统称为苔藓植物。

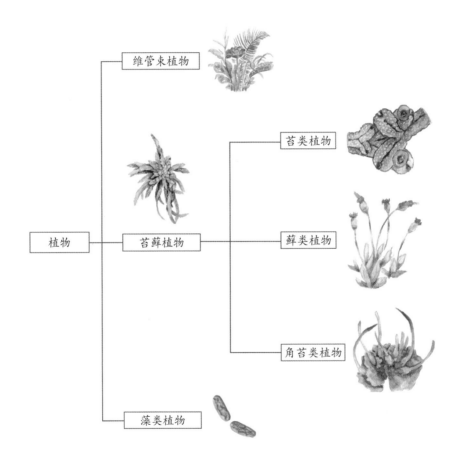

苔藓在植物界的地位和分类

8

苔藓喜欢什么样的生长环境？

苔藓会开花吗？

什么是苔藓？

怎么制作苔藓盆景？

苔藓能入药吗？

苔藓有什么功用？

人们为何把苔藓比作从容淡泊的君子？

长有苔藓的庭院有什么特点？

对于苔藓，你心中还有哪些疑问？打开思维，写下来吧！

苔藓是什么时候出现在地球上的？

"苔"字

"苔"字

在古书里，"苔"写作"菭"。《说文解字》："菭，水青衣也。"指苔藓是生长在水湿环境中的植物。

苔藓植物被公认为是最先由水生过渡到陆生的现存类群，它们由绿藻类不断演化而成。我国科学家发现并命名的中华拟葫芦藓是目前世界上已知最早的苔藓植物化石。根据该化石，科学家推测苔藓植物可能最早出现在与三叶虫同时代的寒武纪中期，它们在地球上的发展历程至少有 5 亿年。

苔藓会开花吗？

苔藓不会开花结果，它们通过孢子繁殖，因而也被称为孢子植物或隐花植物。

虽然苔藓植物不会开花，但是我们能在植物体上找到色彩鲜艳、与花朵有些相似的结构。例如：地钱属等叶状体苔类植物，繁殖期植物体上会形成花状的雌雄生殖托；繁殖期的金发藓类植物体的雄株，顶端有莲座状结构，形似一朵花；而在长江流域常见的葫芦藓，不同成熟阶段的鲜艳孢子体也形色似花。

楔瓣地钱东亚亚种

葫芦藓

苔藓为什么
长得不像一般的植物？

苔藓与我们常见的花草差异极大，体内通常没有维管组织来支撑植物体、输送水分和营养。它们体形矮小，一般仅几毫米到数厘米高，没有真正的根、茎、叶的分化，我们在它们身上观察到的形似根、茎、叶的结构，严格上应该称为假根、拟茎和拟叶。其植物体是由孢子体和配子体两部分组成的。

我们观察到的苔藓植物体，大多数情况下是配子体，它是苔藓最显眼的部分，寿命较长，能进行光合作用。

孢子体只在生殖期间出现，无法独立存活，只能依附在配子体上，多数情况下必须由配子体提供水分和营养物质，寿命较短。孢子体常由孢蒴和蒴柄组成，孢蒴内部能产生具繁殖功能的孢子，蒴柄具有支撑作用。

◎你能认出图中苔藓的各部分组成，并说出它们的名称吗？

◎你能说出苔藓与常见花草的三处区别吗？

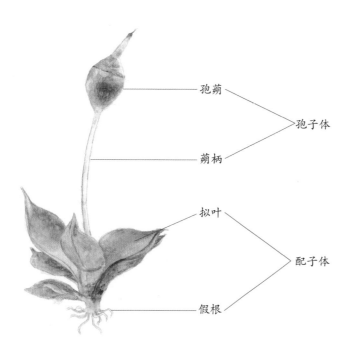

孢蒴 — 孢子体
蒴柄

拟叶 — 配子体
假根

11

苔藓是怎样繁殖的?

苔藓植物有多种类型的生命周期,例如,一些种类可在几个月内完成一轮繁殖后消失,一些种类的生命可延续数年,另一些则是多年生的;倘若环境适宜,某些种类的群体甚至可存在几千年。

苔藓的繁殖通常包括有性和无性两种方式。

有性繁殖是苔藓植物的配子体成熟时,会产生雌、雄生殖器官——颈卵器和精子器,它们分别产生雌、雄配子,即卵子和精子。卵子和精子结合后发育成胚,进而发育成孢子体,其内部产生孢子。孢子成熟后,孢蒴上有帮助孢子散发的特殊结构,比如弹丝(见于多数苔类植物)和蒴齿(见于大部分藓类植物),有助于孢子随风散发。遇到合适的生境后,孢子萌发成原丝体,然后由原丝体上产生的芽发育成配子体,进而长成新一代的植物体。

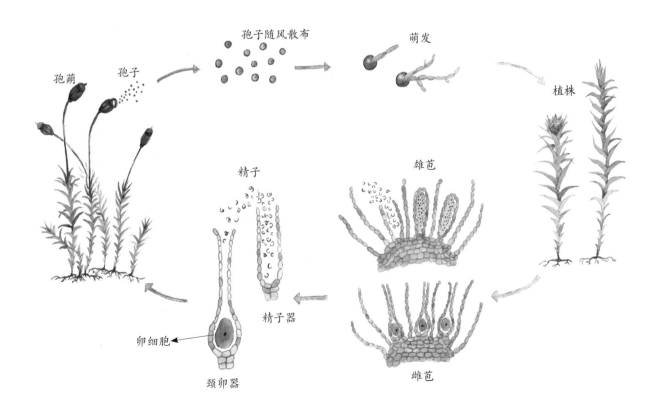

孢蒴　孢子　　孢子随风散布　　萌发　　植株　精子　雄苞　精子器　卵细胞　颈卵器　雌苞

无性繁殖则是通过球芽、块根、芽胞等无性繁殖体，或者是脱落的叶片和断裂的植物体成长为新的植物体。无性繁殖在苔藓植物中较为常见，在环境条件严酷、无法产生孢子体的情况下，无性繁殖有利于维持群体规模。

　　苔藓植物的孢子很小，大多直径在几微米到数十微米（一微米等于千分之一毫米）之间，所以很容易通过气流散布到新的生境，最远甚至可到达数千千米以外的地方。而无性繁殖体的体形往往较大，所以它们通常以近距离传播为主。

　　但也有例外情况。某些苔藓植物可以同时兼具有性和无性两种繁殖方式，例如我国南方无处不在的卷叶湿地藓。这种情况可能是由遗传因素控制，这让它们在生存竞争中处于有利的地位。

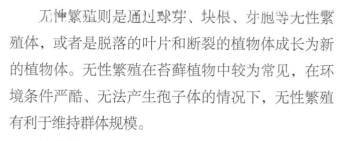

正在释放孢子的带叶苔

13

苔藓家族有哪些成员？

全世界约有两万多种苔藓植物，它们分属苔类、角苔类和藓类三大家族。尽管生命历程非常相似，它们在形态结构上却颇有区别，如果再具体到种类，外形就更加丰富多彩了。

苔类

配子体大部分为茎叶体（有茎和叶的分化），少数为叶状体（没有茎和叶的分化），常左右对称，叶片无中肋。孢子体寿命较短（多为几天），比较柔弱。蒴柄半透明到透明；孢蒴棕色或黑色，呈球形或椭球形。全世界约有苔类植物 7500 种，中国约有 1000 种。

花叶溪苔

叶状体大，丛集着生，淡绿色或深绿色；不规则叉状分枝，尖端心脏形，老时末端常大量产生易落的花状分瓣。

地钱

叶状体大，宽带状，暗绿色。最常见的苔类植物之一。其似雨伞骨架状的结构是雌生殖托。

角苔类

配子体为叶状体。孢子体没有蒴柄，孢蒴绿色，常呈针形，像一根细细的"角"。全世界约有角苔类植物200种，中国约有30种。

黄角苔

叶状体中等大，扇形或圆花状，绿色或深绿色；边缘常有不规则圆形裂瓣，叶状体内部无黏液腔。孢子体角状，孢子黄绿色。

贵州短角苔

叶状体密集垫状，扁平。孢子体短角状，黑色。

云南耳叶苔

茎叶体苔类，红棕色；羽状分枝；侧叶有兜形腹瓣，具有蓄积水分的功能。

白边鞭苔

茎叶体苔类，交织丛生，黄绿色；叉状分枝，腹面具鞭状枝。

陈邦杰（1907—1970），中国苔藓植物学研究的奠基人。

1936—1940年，陈邦杰赴德国柏林大学攻读博士学位，他的博士论文《东亚丛藓科植物的研究》开创了对亚洲苔藓植物进行系统分类研究的先河，至今还是经典的参考文献。

回国后，陈邦杰开始了系统的采集和研究工作。在其一系列研究成果中，具有深远影响的还包括他深入考订了"苔"和"藓"两个字的来源、含义和用法，结束了苔藓中文名称的混乱局面，使得命名有规可循。

专著《中国藓类植物属志》（上下册）对中国藓类植物的分类系统和多样性进行了详细阐述，被认为是中国藓类植物学的经典之作。

中肋

藓类植物叶片中央类似于叶脉的构造，常由多层的狭长厚壁细胞构成，有长、短和单、双中肋之分，具疏导功能。

藓类

　　配子体为茎叶体，叶在茎上成螺旋状排列，多具中肋。孢子体寿命较长，强壮。蒴柄绿色、橙色或半透明；孢蒴色彩丰富，形状各样。全世界约有藓类植物 13000 种，中国约有 2000 种。

节茎曲柄藓

　　植物体丛集，叶尖具白毛尖。蒴柄弯曲呈鹅颈状；孢蒴卵圆形。

狭叶白发藓

　　植物体密集丛生，灰白色。叶狭长，干时略扭曲，易脱落。亚热带酸性基质最常见的藓类之一。

真藓

　　植物体密集丛生，银白色。叶近圆形，具细长尖。植物体表面常产生许多颗粒状的芽胞，起无性繁殖作用。孢蒴卵圆形或长卵形，垂倾。

亮叶珠藓

叶纤细，干时略扭曲，湿时舒展，疏密有致。孢子体圆球形，幼时表面光滑，成熟后表面具纵褶。

卷叶凤尾藓

植物体扁平，叶左右两列，似羽毛。喜生在潮湿石壁。

东亚小金发藓

秋冬季产生孢子体，上被金黄色的蒴帽，极为醒目。本种是东亚地区常见的金发藓之一，喜欢生在略受人为干扰的环境。

塔藓

植物体丛集生长，黄绿色至红棕色，外观分 3~5 层，似塔状。本种是西南地区高山针叶林下优势藓类之一，常可形成面积可观的群落。

万年藓

植物体形体较大，主茎匍匐，支茎直立，上部密布不规则羽状分枝。本种是形态较为优美的苔藓之一。其名含"万年"二字，寓多年生。

这些特别的苔藓，你见过吗？

世界上最高的苔藓

分布在亚洲热带和澳洲热带的巨藓，单株最大接近 1 米。植物体同金发藓很像，同属金发藓科。

世界上最小的苔藓

拟天命藓生长在亚洲热带的雨林中，长在活植物的叶面上。如果不在生殖季节，即孢子体未产生时，肉眼基本上看不见它。

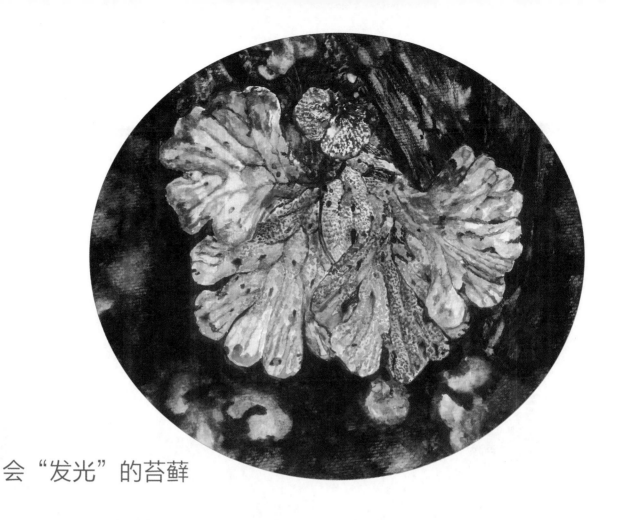

会"发光"的苔藓

提到发光，我们可能会联想到夏夜里的萤火虫。苔藓植物中也有能"发光"的种类，比如光苔和光藓。不过，它们并不真正发光。萤火虫的腹部末端有发光的器官，能发出荧荧绿光，这些苔藓植物则是因其细胞对光线的反射、折射而产生发光般的视觉效果。多种光苔常见于我国西南石灰岩地区。光藓在国内非常珍稀，仅见于东北和西部的极少数山区。

不能进行光合作用的苔藓

绝无仅有的不能进行光合作用的苔藓是生长于欧洲的腐生苔属的幽灵苔，它埋藏在湿地中，不见阳光，植物体细胞中不含叶绿体，通体白色，它必须依赖菌根提供养分。

苔藓生长在什么地方？

苔藓是世界上分布最广、适应性最强的植物之一。除海洋和温泉外，苔藓植物几乎遍布世界各地。从热带雨林到寒带冻原，从绿洲到沙漠，从南、北两极到地球的第三极——青藏高原，到处都可以看到苔藓的身影。

具体到生长环境，苔藓通常喜欢生长在潮湿背阴的地方。

观察苔藓

有露水的清晨或雨后，是观察苔藓的最佳时期。吸饱水分的苔藓叶片张开，活力十足。

如果想要细致观察苔藓的体态，发现它们的细节与奥秘，一个5~10倍倍率的放大镜是必不可少的。将放大镜尽可能地靠近苔藓，仔细观察，你就能发现一个先前未曾留意的世界。你还可以轻轻地抚摸干和湿两种不同状态下的苔藓，与苔藓"握握手"，感受它们的变化。如果能看清茎、叶和孢子体形态的细微差别，对照一些苔藓图册，你还可能知道苔藓的名字，这样会更加有成就感。不过，为了不伤害小小的它们，我们需要格外注意哦。

如果对某种苔藓感兴趣，可以采用拍照的方式记录。如果想培育或者是在显微镜下观察苔藓，那你可以采集一小块苔藓。你只需要用刮刀轻轻一刮，或者用手轻轻一抓，即可获得一小块苔藓，大小以火柴盒大小为宜。采集下来的苔藓，要注意剔除杂质、枯枝落叶等。可以将苔藓保存在吹入空气的小塑料袋或者塑料盒里。若采集的苔藓变干了，只需要喷一点水，即可使其恢复充满生机的模样。

你家附近有没有苔藓？如果有的话，请你仔细观察一下环境，分析一下哪些条件使得苔藓适合在这里生长；如果没有，请你找找看是什么原因。

高山林下苔藓景观

在我国西南海拔3000米左右的林下，以锦丝藓、塔藓、赤茎藓、垂藓等为主构成的地被，蔓延数百至上千米，形成了面积可观的"苔藓垫"。"苔藓垫"厚10~30厘米，雨季积蓄雨水，旱季缓慢释放水分，就像无数座大大小小隐形的"蓄水库"，不但利于保持水土，也可以调节气候。

中国各地有哪些有趣、特别的苔藓?

幅员辽阔的神州大地上生活着3000多种苔藓植物，其中的很多种类分布较为广泛，并非某一地区独有。让我们走近这些绿色小精灵，于方寸之间，领略中国苔藓植物的独特魅力。

西北地区

有辽阔的干旱区域，生长着多种耐旱的苔藓植物，如卷边紫萼藓、山赤藓、芦荟藓等。它们在骄阳下休眠，逢甘霖时把握时机，生长繁殖。

卷边紫萼藓 通常丛集生长，形成垫状，这样可减缓水分的散失。

短喙芦荟藓 形似多肉植物，但它们的叶片长宽仅2毫米左右。

西南地区

是举世瞩目的生物多样性热点地区之一。极大的海拔跨度、复杂的地形和多样的气候，让这里的苔藓种类丰富而多样。如藻苔、黄光苔、暖地大叶藓、并齿藓、黄边孔雀藓等，都能在这里找到。

图 例

——— 未定 国界

——— 省、自治区、直辖市界

藻苔 外形像藻类、名字里有"苔"字的藻苔其实是藓类植物。世界上仅有两种藻苔，在中国，它们深藏在西藏和云南的高海拔山区。

黄光苔 云南、贵州的石灰岩地区生长着多种光苔，黄光苔是其中一种。通常生活在昏暗的石灰岩洞穴洞口。

暖地大叶藓 通常生长在阴凉湿润的山地，它的植物体像绽放的花朵，非常美丽。

黄边孔雀藓 植物体外形像昂首阔步的孔雀，"藓"如其名。

东北地区

有宽广的温带森林和湿地，是许多苔藓植物的家园。如泥炭藓、皱蒴藓，以及国内仅生长在长白山的高海拔岩面上、非常珍稀的球蒴金发藓。

球蒴金发藓 金发藓科植物广泛分布于我国各地，但迷你可爱的球蒴金发藓在我国仅生长在长白山的高海拔岩面上。

泥炭藓 森林湿地的代表性物种，具有极高的保水能力。

华北地区

生长着许多广泛分布于温带地区、能够忍耐一定程度干旱的苔藓植物。无论漫步城市还是郊野，留意土表和石面，都有机会发现它们。

真藓 广布于世界各地，极易在城市中观察到。尽管是"大路货"，它们的植物体嫩绿搭配银白，泛着绢丝光泽，颜值并不低。

石地钱 其植物体常常平贴于干燥的石壁和土坡上，它们的生殖托非常可爱，像小小的绿色水母。

华东、华中地区

长江中下游地区既有美丽的山林，又有人类密集居住活动的鱼米之乡和巨型都市。在人类身边，有许多有趣的苔藓植物，如葫芦藓、钟帽藓、细叶小羽藓、东亚拟鳞叶藓等。

葫芦藓 人居环境中的常见藓类，孢蒴偏斜似葫芦形，覆盖孢蒴的蒴帽形如葫芦瓢，特色鲜明。

细叶小羽藓 长江流域的城市草坪上常常能观察到小羽藓，冬春时节，它们的孢子体成片出现，非常醒目。

华南地区

华南地区温暖湿润的常绿阔叶林里，凤尾藓科、花叶藓科、锦藓科和蔓藓科等苔藓植物家族的多样性都非常高。

澳门凤尾藓 发现于澳门、并以澳门命名，个体非常微小，挑战肉眼极限。

矮锦藓 在珠三角地区的低海拔山区和城市公园的树干上，常可观察到矮锦藓。毛毛虫偶尔会取食它们的孢子体。

23

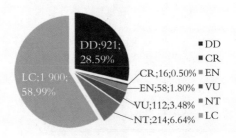
苔藓正面临哪些威胁？

生境丧失

由于森林砍伐、采矿、修路、气候变化等原因，某些苔藓植物的生长环境不复存在，从而使它们处于濒危状态。

商业开发

过度的资源利用也会导致一些苔藓急剧减少。例如人类过度采挖具有重要经济价值的泥炭藓和白发藓，加剧了它们面临的生存威胁。

环境污染

一些苔藓植物对环境的变化极为敏感，空气和水体污染都可能让它们蒙受灭顶之灾。例如水藓生活于水质清洁的环境中，由于水体污染，部分区域的水藓剧减。

20 世纪五六十年代在华南地区常见的南亚紫叶苔，由于森林砍伐，其生境被破坏，现在已很难发现它们的踪迹。

细小美丽的叶附生苔是一类生长在活植物叶面上的苔类总称，国产约 200 种，它们对环境极为敏感，只能在非常特殊的生境中生存。受生境破坏影响，曾经在南方溪谷林下很常见的叶附生苔，生存空间遭严重压缩，正面临严峻的生存危机。

24

我们该如何保护苔藓？

面对苔藓植物正在遭遇的威胁，我们可以做的有很多：

爱护环境，不乱丢垃圾；

不乱砍乱伐、破坏苔藓的生长环境；

谨慎合理采集苔藓，保护稀有品种；

多学习苔藓相关知识，增强苔藓保护意识。

……

拟短月藓

已宣布灭绝的拟短月藓是如何被重新发现的？

拟短月藓身材极其纤小，高仅数毫米，最先由芬兰著名苔藓学家布罗泰鲁斯（Brotherus）于1929年命名发表，他依据的是奥地利植物学家韩马迪（Handel-Mazzetti）于1916年在中国丽江采集的一份标本。自那以后，很多苔藓研究者想再去找到它，但均无功而返。2013年发布的《中国生物多样性红色名录》中，拟短月藓被认定为中国唯一灭绝的苔藓植物。

2012年，中国苔藓学家张力博士在西藏亚东县野外考察时，一丛小小的、有着很漂亮的红黄色孢子体的苔藓吸引了他的注意力。科学家的敏锐直觉让他意识到这是原先没见过的物种，于是他进行了细致观察和拍摄，并采集了一份标本带回实验室进行研究后，认为这种苔藓很像拟短月藓。

为周全起见，张力博士和同事借阅收藏在美国国家标本馆的拟短月藓模式标本进行比对。经过多次评估，2014年底，这种苔藓的身份得到最终确认，它就是被认为已经灭绝的拟短月藓。

令人更为欣喜的是，2018年，中国科学院昆明植物研究所和美国加州科学院的两位苔藓学家在四川和青海再度发现拟短月藓的踪迹——它们还有"同伴"，并不那么"孤独"。

苔的实际功用

苔藓为什么被称作"大自然的拓荒者"？

苔藓与维管植物不同，它的体表没有保护性的角质层，可以直接经体表吸收水分。而且苔藓是变水性植物，即其水分含量可以随着环境的变化而变化。因此，在不毛之地，某些类群的苔藓固着在岩石上后，可以生存下来，逐渐繁衍。同时，苔藓依靠自己的独特结构累积尘土、微生物，进而改变周围的生境，再加上其枯死后分解的有机质等，经年累月，慢慢形成一层富含养分的土壤，

裸岩阶段

苔藓阶段

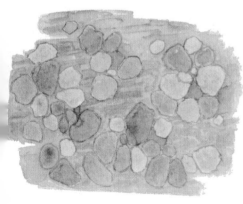

地衣阶段

并能存储水分。同时，其中的微生物群落也随之丰富起来，原本贫瘠的岩石逐渐变成适合植物种子萌芽和生长的环境。小草和低矮的灌木长了起来，昆虫和小动物也逐渐迁入，原先的不毛之地最终变得生机盎然。因此，苔藓被称作"大自然的拓荒者"，可谓实至名归呀！

苔藓，大自然的拓荒者，是如何一步步改造脚下的土地的？你能否用流程图画出苔藓拓荒的过程？

草本阶段

灌木阶段

森林阶段

苔藓是怎么维持土壤水分平衡的?

苔藓的神奇"变身"

如果在一个艳阳天里外出寻找苔藓的踪迹,或许你会发现,很多苔藓变得干巴巴的,仿佛被太阳晒焦了。此时,只需给苔藓喷点水,静待数十秒钟,就会看到一个神奇的"变身"表演——苔藓会慢慢舒展开叶片,渐渐地碧绿鲜活起来,恢复生机勃勃的样子!

这样的神奇表现与苔藓具有"变水性"有关。当周围的环境变得干燥时,苔藓含有的水分也会逐渐减少,当少到一定程度时,它就无法进行光合作用,进入休眠状态;当外界环境重新给予苔藓水分时,因其表面可以直接吸收水分,所以苔藓会很快地"活"过来,重新进行光合作用等各项生命活动。

苔藓中的泥炭藓是世界上吸水能力最强的植物,其吸水量可达干重的 10~25 倍,这是其他植物望尘莫及的。在远距离的花草运输中,为了防止水分流失,人们常用苔藓做包覆材料;在园艺栽培方面,园丁将苔藓加入土壤中,能够增加保水能力。

卷叶湿地藓(干湿状态对比)

苔藓是维持土壤水分平衡的重要力量

　　在森林、沼泽和高山生态系统中，人们常会发现大面积的苔藓，它们盖满地面，像一块绿油油的地毯。苔藓具有非凡的储水能力。雨季时，它会储存大量雨水。到了旱季，它再将水分慢慢地释放出来，使植物依然可以获得较为稳定的水分供给，从而维持土壤的水分平衡，降低水土流失的风险。

　　因此，尽管没那么引人注目，苔藓也是生态系统中重要的组成部分。

苔藓能减缓温室效应

　　全球气候变暖的主要原因是大气中温室效应气体不断增加。温室效应气体主要包括二氧化碳和甲烷等，它们主要由工业生产和交通排放产生。在北温带的泥炭藓沼泽和泥炭地中，泥炭藓比任何一个高等植物属固定的碳化物都要多，能起到减缓温室效应的作用。

观察苔藓能判断空气质量

　　苔藓植物的叶表面没有保护性的角质层覆盖，对有害气体特别敏感，在空气污染严重的地方，大多数苔藓难以存活。所以，苔藓也可以作为空气质量好坏的指示物。如果一个地方生长着许多苔藓，基本可以判定这个地方的空气质量还不错。

29

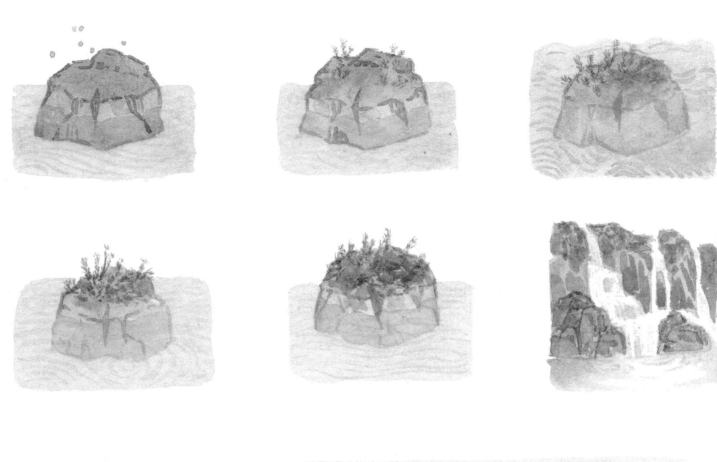

苔藓如何参与
自然美景的建造？

俗话说"九寨归来不看水"，九寨沟拥有飞流直下的瀑布、五彩斑斓的海子、茂密的森林……真是美不胜收。

你知道吗，九寨沟中众多的美景，特别是雄浑壮丽的瀑布，其实与苔藓有一定关系。苔藓参与瀑布岩石的形成，大致的过程如下：小如尘埃的苔藓孢子被风吹至河道中的岩石上，孢子在岩石上萌发，形成植物体，在岩石上不断生长繁殖。九寨沟为喀斯特地貌，水流中含有较高浓度的碳酸氢钙，雨季水位上涨，漫过岩面的苔藓，碳酸氢钙分解成固态的碳酸钙，并在苔藓的表面沉积下来。两三年时间，苔藓的表面就会包裹上一层薄薄的碳酸钙，宛如给苔藓穿上一身"盔甲"。日积月累，这些"盔甲"越积越厚，基部的苔藓死亡，并慢慢石化、挤压，密度与硬度逐渐增加，形成岩石。而顶端的苔藓依旧不断生长，导致岩石不断增厚，长年累月，美景就形成了。

苔藓为什么能够生长在溪流中的岩石上？

漫步在林间的小溪边，耳畔是由潺潺水流、啾啾鸟啼、悠悠虫鸣合奏而成的自然乐章。深呼吸一下，感受空气中的甜润，整个人变得神清气爽。环顾四周，最吸引你眼球的大概是溪流中小岩石上蓬勃生长的翠绿苔藓。苔藓通过假根牢牢地固定在岩石上，林间的树木恰到好处地挡住了直射的阳光，溪流中的氤氲水雾提供了充足的水分，形成了非常适宜苔藓生长的环境。苔藓植物在流水边愈发有生机与活力，小溪也因为苔藓愈发清幽静谧。

喀斯特地貌

指可溶性岩石特别是碳酸盐类岩石（如石灰岩等）受含有二氧化碳的流水溶蚀，并加上沉积作用而形成的地貌。

你见过小动物的苔藓之"家"吗?

　　苔藓植物虽然很小,但它是很多小型昆虫和无脊椎动物的食物和栖息场所。如果苔藓被大面积破坏,这些小动物就会失去家园,导致数量减少,以此为食的捕食者也会随之减少,有可能对生态系统造成极大影响。因此,苔藓植物对维持生物多样性和平衡极为重要。

　　如果你带上放大镜,去野外仔细观察苔藓,很可能会发现这些小动物的身影哦!

　　某些种类的小鸟很喜欢用苔藓做鸟巢。有的是先用泥土或树枝搭建出结构，再用苔藓填充缝隙；还有一些几乎全用苔藓搭建自己的窝。这可能是因为苔藓类植物多为绿色或草绿色，由其做成的鸟巢与周围环境协调一致，隐蔽性很强。这样小鸟的"家"会很安全，能够让它们躲避天敌的伤害。而且苔藓柔软、透气、不易发霉，小鸟住在里面会感到非常舒适。

造房子，苔藓也能帮上忙吗？

现在，我们一般会用钢筋水泥建造房子，而居住在新疆喀纳斯附近的图瓦人，却用苔藓作为建造房子的重要辅助材料。他们先用原木搭出房子的框架，再将从附近森林中采收的苔藓当作"水泥"塞在木头间的缝隙里。苔藓密封了缝隙，不仅使房子变得更加坚固，还能保暖防风，而且夏天又会非常凉快。当地牧民将这种房子称为"木刻楞"。"木刻楞"通常房顶呈尖三角形，冬天时有利于积雪滑落；底部则为方体，能够提供更大的活动空间。

苔藓真的可以治病吗？

　　科学研究发现，苔藓含有种类繁多的次生代谢化合物，具有抗菌甚至抗肿瘤活性。我们的祖先发现苔藓有解毒与杀菌的功效，可以用于治疗烧伤烫伤和无名肿痛。日本民间有将真藓用纱布包裹放入鼻腔，用以治疗鼻炎的偏方，以及用泥炭藓治疗风湿病与关节炎等。第一次世界大战期间，由于脱脂棉短缺，欧洲战场上曾将泥炭藓作为脱脂棉的替代品，用以止血。但整体而言，人们对苔藓植物的化学和药用方面的研究依然比较少，只有极少种类的苔藓被作为药材使用。现在，随着人们对苔藓的认识不断深入，可能会逐渐发现某些苔藓具有作为新型药用植物的潜能。

大叶藓

　　别名回心草。全草可入药，具有清热解毒、养心安神的功效。对高血压、冠心病、心肌炎等有一定的治疗效果。

葫芦藓

　　全草可入药，具有祛风阵痛、舒筋活血的功效。可以用于治疗跌打损伤、鼻窦炎和关节炎等。

蛇苔

全草可入药，具有消肿止痛、清热解毒的功效。可用于治疗毒蛇咬伤、无名肿痛，对白血病也有一定的抑制作用。

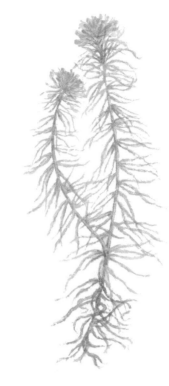

泥炭藓

全草可入药。具有止血、清热、明目的功效。可以退云翳、治疗风湿疼痛，消毒后可作为药棉的替代品。

小提示：虽然某些苔藓具有药用功效，但准确鉴定需要专业知识，且为了保护自然资源，切勿擅自使用，以免发生意外。

苔藓是怎么发电的？

理论上，任何能够进行光合作用的植物，都可以作为生物太阳能"电池板"。苔藓植物能够成为生物发电系统的选择之一，是因为它们是较为常见的植物，且具有养护成本较低、吸水能力高、抗旱能力强等特点。剑桥大学科学家保罗·邦贝曾经依靠一盆苔藓给一块电子表供电。2014年，瑞士设计师法比耶娜·费尔德与剑桥大学科学家合作，将苔藓作为生物太阳能电池板，成功为收音机短暂供电。西班牙加泰罗尼亚高级建筑学院的学生设计出了一种立面中空模块化墙砖，墙砖内种植苔藓，安装在建筑物外墙，利用苔藓发电。但是苔藓发电系统的发电量还十分有限，仅能为小型电器供电。未来经过科技发展，苔藓发电因具备生产便宜、具有自我修复能力、可自然降解等可持续特点，有广泛的应用前景。

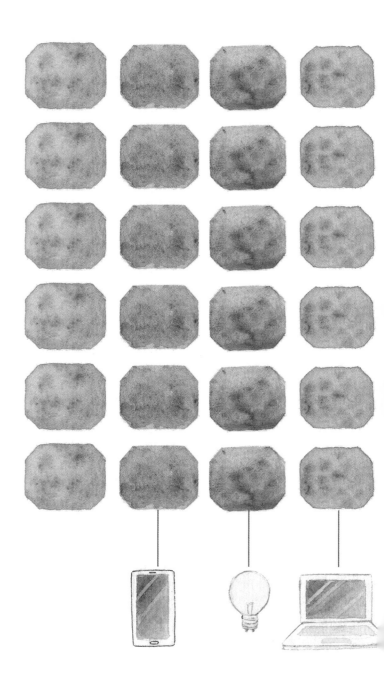

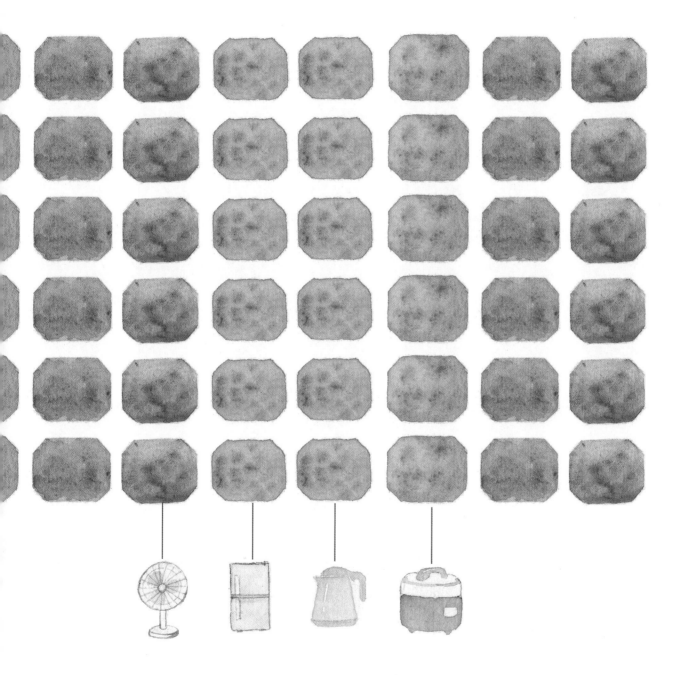

苔藓有哪些有趣的玩法？

苔藓，因其细小的体形、顽强的生命力和超凡脱俗的品质，受到越来越多人的喜爱。

在日本，有一种近些年开始流行的休闲娱乐活动——观察苔藓。在苔藓专家的带领下，不少人专为欣赏苔藓走进大自然，还衍生出专门的赏苔旅行团。人们不仅在家庭或办公场所摆放苔藓盆景或景观瓶，还有一些女性会用苔藓为材料，手工制作吊坠、戒指和耳环等。

在西班牙西部的贝哈尔小镇，有一项流传了800多年的传统。每年，当地居民都会用苔藓做成服装，从头裹到脚，把自己装扮成"苔藓人"上街游行，以此来纪念先辈利用苔藓做伪装，从侵略者手中收复家园的历史。

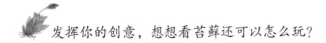

发挥你的创意，想想看苔藓还可以怎么玩？

怎么才能养好一盆苔藓？

　　如果想亲密地接触苔藓，自己种一小盆是一个不错的主意。容易产生孢子体的种类，比如金发藓，可以采用孢子培养方式，但需要较为苛刻的条件，通常要在实验室进行。在家里，可以采用断片播种法繁殖大灰藓和砂藓等生命力较强的苔藓。受时节或环境等因素影响，有的苔藓在1个月后便会慢慢长出嫩芽，也有的过3个月仍没有动静，这时不要泄气，再养一段时间看看，说不定在某一天，它就会给你一个惊喜。想要获得更多的苔藓，需要很大的耐心哦！

将苔藓手撕或用小刀切成花生米大小的小块。

将小块苔藓按照一定的间隔栽种在培养土上，并轻轻压实。

在苔藓上铺撒用细赤玉土、河沙按1:1比例配置的表层土，撒到半埋住苔藓的程度，可防止苔藓随风飘散。

将苔藓放置在散射光处培育，记得
常浇水保持土壤湿润哦。

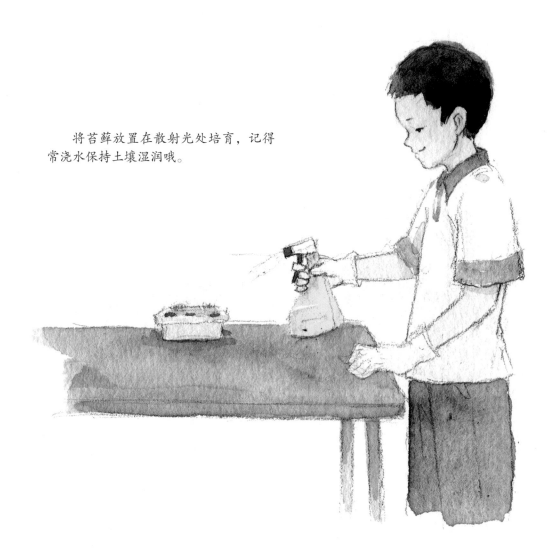

苔玉应该怎么玩？

　　苔玉，简单来说就是种植植物时用苔藓代替花盆，让植物的根部包裹在苔藓覆盖的介质中。苔玉外形可爱美观，姿态落落大方，用它点缀生活空间，会格外清新自然。

　　栽培介质是影响苔玉制作的关键因素，它必须适合植物的生长习性，并且具有一定的可塑性，以保持球体不被分解。常用的栽培介质，通常是用泥炭土、赤玉土和泥炭藓以4:2:1的比例加水搅拌黏合制成的，但是也会根据不同植物的需求对成分用量进行调整，调制出最适合的栽培介质。

泥炭土　黑色黏土，富含植物纤维，非常适合栽种植物和制作盆景。

赤玉土　透气性和排水性好，在盆景换盆时常用到此材料。

泥炭藓　有很强的保水性，确保土壤透气。

基础苔藓球的制作方法

基础苔藓球的制作并不复杂，让我们一起来动手吧！

将栽培介质混合加水
揉至柔软、均匀的稠度。

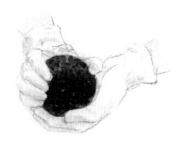

将混合的栽培介质
塑造成球体。

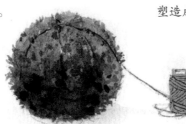

将苔藓覆盖在球体
上，并用棉线固定苔藓。

将苔藓球完全浸润，
再按压挤掉多余水分。

将苔藓球放在喜欢的器皿里，一个
可爱的苔藓球就做好啦！

　　将圆滚滚的苔藓球放在掌心，静静地看着它，那可爱的模样也能让你的心
不可思议地柔软、欢喜起来哦。

苔玉盆景的制作方法

制作苔玉盆景前，需要先选择一种适合盆栽的植物，比如文竹，它全年常绿、易于养护，而且姿态轻盈潇洒，具有极高的观赏价值，非常适合做室内苔玉盆景。用鲜绿的苔藓包裹文竹的根部，放置室内，盆景看起来更具生命力，还蕴含着书香气息、君子风雅，真是让小盆栽大变身啦。

那么，如何将文竹盆景换盆，制作成苔玉盆景呢？

将文竹从花盆中取出，用木棍解开根部。

将栽培介质覆到植物的根上，并揉成球体。

用苔藓包裹住这个球体。

用棉线固定苔藓。

将苔藓球在水中浸泡几分钟后，按压挤掉多余的水分。

修剪苔藓，平整球体，放置在底盘中就大功告成了。

你学会了吗？掌握制作方法后，不仅可以把喜欢的植物做成观赏用的苔玉盆景，还可以用苔藓覆盖蔬菜或水果植株根部，做成"可以吃的苔玉盆景"哦！

苔藓球的养护

摆放

苔藓和其他植物一样，需要进行光合作用，喜欢明亮通风的环境。但是阳光直射或风力强劲会使苔藓快速干枯，因此，苔藓球最适宜摆放在室内明亮的背阴处。

肥料

苔藓只需要一些光和水就能存活，不需要施肥。但是适量的肥料能让植物长得更好。在植物的成长期里，可以用标准倍率的 2 倍稀释的液体肥料喷在苔藓球上，每周一两次即可。

给水

·**浸泡法吸水** 当苔藓球变得非常干燥时，可以将苔藓球浸到水中补充水分。苔藓球表面不再冒泡，就说明已经充分吸收了水分。这时将苔藓球取出，轻轻控水即可。这是给苔藓球快速补水的基本方法。

·**利用毛细现象吸水** 在碟子中加入 2 厘米高的水，将苔藓球放置在中央，让水慢慢渗入。不过，苔藓球浸入水中的时间不能超过一天，否则会导致根部腐烂或苔藓球解体。

·**喷壶洒水** 平时隔一段时间就往苔藓球上喷水，能够保持苔藓球的鲜活翠绿。

苔藓盆景是怎么把大自然变成迷你版的？

苔藓盆景，就像是微缩的自然世界，以小小的花盆或容器为背景，用苔藓与其他植物一起描绘自然风光。随着光阴流转，观赏植物的荣枯变化，别有一番雅致。

在正式制作苔藓盆景前，要先设想一下表达主题，例如奇妙自然、纯真友谊，或美好理想……为了避免苔藓盆景过于单调，可以根据主题选择适宜的容器、植物、摆件等，让它们构成一个整体，将主题构思表现出来。苔藓喜欢高湿度、半阴的生长环境，我们选用的背景植物的习性必须与苔藓相似。一般我们会选择蕨类、各色网纹草、花叶络石、文竹、罗汉松、袖珍椰子等，这些植物小巧且易于养护，非常适合制作盆景。还可以选择一些自己喜欢的小植物，不同的植物搭配能创造出各具特色、意趣缤纷的景观。

然后，根据苔藓与植物的生长习性搭配适合它们的生存基质，主要包括储水层、隔离层、培土营养层、铺面点缀层。

最后，以苔藓为山脉、为草地，以小植物为森林、为庭园，以细沙为小路、为海洋，配以小物件，让我们一起来创作属于自己的一片自然天地——苔藓盆景吧！

储水层放置在容器最底部，通常选择透气、保水性好的颗粒状基质。赤玉砂和微酸性的火山浮石是最佳的选择。

隔离层主要起过滤水分、提高透气性、防止土层沉降的作用。泥炭藓是最常见的材料。

培土营养层一般选用弱酸性、不板结的优质泥炭土。

铺面点缀层一般为颜色亮丽的小石头、彩色细沙等，用以表现小路、河流等景色。

选择合适的容器，在容器底部铺上储水层。

将干水苔湿润后，铺在储水层上。

将植物摆放在合适的位置，在植物根部周围培土，并埋好根部。

将苔藓裁剪成合适大小，铺在需要的位置上。轻轻按压，使苔藓和泥土更加贴合。

在裸露的培土上铺上点缀的小石头，再摆上可爱的摆件，苔藓盆景就做好啦！用喷壶给植物喷上水，清新灵动的大自然美景仿佛就在眼前。

苔藓盆景的养护

苔藓盆景的养护非常简单方便，只需要定期喷水（以雾状水汽为佳），避免容器底部积水，放在背阴处即可。苔藓与植物的生长需要阳光，其中苔藓最爱清晨的露水与散射光。在清晨或傍晚，让苔藓盆景享受一下日光浴，有利于它们的健康生长，让这一抹绿意更长久地陪伴着你。

苔藓的花语

苔藓生长在坚硬的石头上，让岩石有了柔软的感觉，宛如一位慈爱的母亲怀抱着孩子。它起源悠久，却一直默守清幽；它需求不多，只要一点水与阳光便能生长；它温婉恬静，总能给人安宁自在的感觉。因此，苔藓的花语是"母爱、呵护、信赖"。

庭园用苔表达了怎样的东方意境?

　　石得苔而灵，苔伴木而幽。苔藓，是中国古典园林的重要元素之一。漫步在长有苔藓的庭园，随处都能邂逅苔藓，它们覆盖着土地，包裹着岩石，妆点着树干……苔藓细腻静美，带着一种独特的禅意，营造出平和静谧的超然意境。

　　苏州拙政园的白亭灰瓦间，竹影摇曳下，苔藓幽幽自生，尽显静古之美、清寂之意。将不同的苔藓植物种植在假山上、水景旁、亭阁周围，搭配其他植物或园艺小品，四季景色因时而异。回归自然、层层递进的园林景观，意境悠远绵长，与东方禅意的自然洒脱不谋而合，乃喧嚣都市中的一方净土，展现出中式园林的意趣——天人合一、道法自然。

　　日本园林文化受中国古典园林，特别是唐宋山水园的影响，一直保持着与中国园林相近的自然风格，并发展出自身的特色。其中的枯山水尤为著名，枯山水最初出现在禅院中，顾名思义，即干枯的山和水，本质意为无水之庭。枯山水庭院以山石白砂为山海大川，选用苔藓等不开花的绿植加以点缀。整个庭院融入自然、返璞归真、含而不露，看似单调乏味，却以四季如常的景色营造出"枯寂"之感，起到净化心灵的作用。"一沙一石一世界"，宇宙万物包罗其中，营造了深远博大的境界。

为什么山水画里总喜欢点一些青苔?

在中国山水画绘画史中，点苔技法是一种独特且丰富的表现技法，深受历代山水画家重视。

山水画中的点苔，既可以是具象的，表示山林间的苔藓、远山上的树木以及山石缝隙中的杂草等；又可以是抽象的，什么也不表示。

在山水画的创作中，点苔用笔要轻松、灵动，似有"蜻蜓点水"之妙；用墨要浓墨得宜，富于变化；布局要疏而不空，密而不挤，聚散适宜。因此，恰当的点苔不仅能状物达意，丰富画面，还能起到点睛作用，增添神韵，突出艺术形象。

难怪，明清时的画家唐志契说："画不点苔，山无生气。昔人谓苔痕为美人簪花，信不可缺者。又谓画山容易点苔难，此何得轻言之。"

多找一些中国著名的山水画，仔细比较一下，点苔和没有点苔的作品之间的差别，真的和我们上面说的一样吗？还是你会有不一样的感觉？

明 · 沈周《祝寿图》

"玉阶生苔"为何让人感到孤寂?

自悼赋(节选)

汉·班婕妤

潜玄宫兮幽以清,应门闭兮禁闼扃。

华殿尘兮玉阶苔,中庭萋兮绿草生。

广室阴兮帏幄暗,房栊虚兮风泠泠。

感帷裳兮发红罗,纷综綷兮纨素声。

神眇眇兮密靓处,君不御兮谁为荣?

咏青苔

梁·沈约

缘阶已漠漠，泛水复绵绵。
微根如欲断，轻丝似更联。
长风隐细草，深堂没绮钱。
萦郁无人赠，葳蕤徒可怜。

◎西晋·张协《杂
诗十首（其一）》：青苔
依空墙，蜘蛛网四屋。
◎梁·沈约《咏月
诗》：网轩映珠缀，应门
照绿苔。
◎梁·萧纲《怨歌
行》：苔生履处没，草合
行人疏。

在中国，第一个把苔藓写进诗文中的是汉朝的班婕妤。据
史书记载，她天资聪颖，极富才华，善吟诗作赋。班婕妤独居
宫中，与在人迹罕至的地方生长的苔藓有着十分相似的境遇。
"玉阶生苔"，是宫门无人踏足、冷清的写照，如此孤独伤怀，
字里行间尽显幽怨。

由此，苔藓进入了文人的视野，有了诗意，有了生命。班
婕妤揭开了歌咏苔藓的序幕，之后，苔藓也被中国文人赋予了
更多意蕴。

《青苔赋》，到底在赋什么？

怀才不遇是中国古代文人避不开的忧愁，不引人注意的苔藓则易勾起文人内心的抑郁之情，于是他们创作出一首首借苔表达"士之不遇"的诗赋。

《青苔赋》（节选）

南北朝·江淹

嗟青苔之依依兮，无色类而可方。

必居闲而就寂，似幽意而深伤。

江淹笔下的青苔因为无用至极而被人抛弃，诗人借此来抒发自己怀才不遇的愤懑之情。

《青苔赋》（节选）

唐·杨炯

苔之为物也贱，苔之为德也深。夫其为让也，每违燥而居湿；其为谦也，常背阳而即阴。重扃秘宇兮不以为显，幽山穷水兮不以为沉。有达人卷舒之意，君子行藏之心。唯天地之大德，匪予情之所任。

杨炯认为苔藓虽地位低下卑微，却有高尚的品格，以此来暗指自己达而不显、穷而不沉的品质。

《青苔赋》（节选）

唐·王勃

嗟乎！苔之生于林塘也，为幽客之赏；苔之生于轩庭也，为居人之怨。斯择地而处，无累于物也。

王勃的《青苔赋》则是在他被贬离京、客居巴蜀时所作，他以无论在哪种环境下都能泰然处之的青苔自况，没有郁愤之情，只有超脱之感。

你更喜欢哪位诗人的《青苔赋》？你觉得，如果青苔自己能说话，它会喜欢哪一首？为什么呢？

苍苔在诗人笔下有多美？

书 事

唐·王维

轻阴阁小雨，深院昼慵开。
坐看苍苔色，欲上人衣来。

经过小雨滋润的青苔，格外青翠，它那鲜美明亮的色泽，特别引人注目，让人感到周围的一切景物都映照了一层绿光，连诗人的衣襟上似乎也有了一点"绿意"。这是自然万物在宁静中蕴含的生机。

游园不值
南宋·叶绍翁
应怜屐齿印苍苔，
小扣柴扉久不开。
春色满园关不住，
一枝红杏出墙来。

苔代表了怎样的君子？

从容生长　不为名利

石上苔

唐·白居易

漠漠斑斑石上苔，幽芳静绿绝纤埃。
路傍凡草荣遭遇，曾得七香车辗来。

苔 径

北宋·梅尧臣

林间夏雨滋，复有斜阳照。
绿净不摇风，从教春草笑。

赋得垣上衣

唐·李益

漠漠复霏霏，为君垣上衣。
昭阳辇下草，应笑此时非。
庵蔼青春暮，苍黄白露晞。
犹胜萍逐水，流浪不相依。

  古人认为，苔藓生命力顽强，从不计较生长环境的优劣，喜欢在幽静的地方默默生长，不理会世间烦扰。
  白居易把"路傍凡草"与"石上苔"对比，通过描写"路傍凡草"因贪慕虚荣遭香车宝马碾压的遭遇，赞美了"石上苔"从容淡泊、不为名利的君子品格。

独居陋室　朴素风雅

陋室铭

唐·刘禹锡

山不在高，有仙则名。水不在深，有龙则灵。斯是陋室，惟吾德馨。苔痕上阶绿，草色入帘青。谈笑有鸿儒，往来无白丁。可以调素琴，阅金经。无丝竹之乱耳，无案牍之劳形。南阳诸葛庐，西蜀子云亭。孔子云：何陋之有？

刘禹锡（772—842），字梦得，河南洛阳人。唐代中晚期诗人，被称为"诗豪"。曾经积极参加由王叔文主持的变法运动，后来改革失败，多次被贬官。

他的代表作有《乌衣巷》《陋室铭》等。

刘禹锡独坐斗室，向外望去，台阶上长满绿绿的苔藓，窗外是一片青青的小草。尽管居所简陋，可一"绿"一"青"却把这里装扮得绿意盎然、生机勃勃，给人一种清幽雅致之感。也许，这就是刘禹锡透过苔藓告诉我们的暗语：即使身处困境，也要保持自己高雅的志趣和独立的人格，不因世事沉浮。苔藓，就是刘禹锡尽管身居陋室，依然朴素风雅的象征。

清贫雅幽　隐逸之志

宿王昌龄隐居

唐·常建

清溪深不测，隐处唯孤云。

松际露微月，清光犹为君。

茅亭宿花影，药院滋苔纹。

余亦谢时去，西山鸾鹤群。

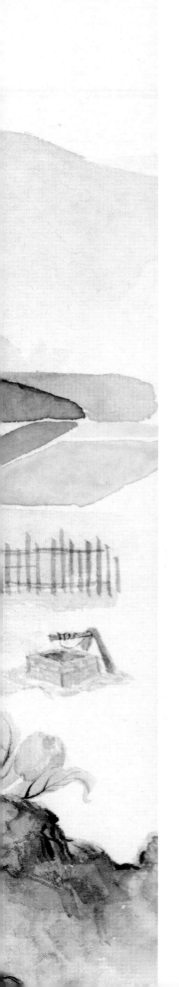

苔藓因其生活习性的缘故，多生长在清幽寂静的地方，而这又恰好是古代文人隐居的绝佳之地。因此，在隐士们的生活里，常常少不了苔藓的陪伴。

常建夜宿王昌龄曾经的隐居之所，月夜下看见窗外屋边有花影映来，院里茂盛的药草滋养了青苔，别有一番情趣，不禁感叹："余亦谢时去，西山鸾鹤群。"他将青苔远离尘世的特点与高洁出世的隐者形象联系在一起，既赞扬了王昌龄曾隐逸山林的高洁品格，又暗含了自己的归隐之心。

送东林廉上人归庐山

唐·王昌龄

石溪流已乱，苔径人渐微。
日暮东林下，山僧还独归。
昔为庐峰意，况与远公违。
道性深寂寞，世情多是非。
会寻名山去，岂复望清辉。

过郑山人所居

唐·刘长卿

一径入寻谷口村，
春山犬吠武陵源。
青苔满地无行处，
深笑桃花独闭门。

苔痕深深，你在思念谁？

端 居

唐·李商隐

远书归梦两悠悠，只有空床敌素秋。

阶下青苔与红树，雨中寥落月中愁。

　　诗人远别家乡和亲人已经很久，又很长时间没有收到妻子的来信，无奈只能梦回家乡得以慰藉。怎料好梦难成，醒来只觉怅然。从屋内的空床抬眼望出去，少有人踏足的台阶不知不觉长满了青苔，不免更觉冷清、寂寞，思乡思亲的愁绪伴着雨丝，在寂寥的月夜下更加浓烈。

长干行（节选）
唐·李白

门前迟行迹，一一生绿苔。
苔深不能扫，落叶秋风早。
八月蝴蝶黄，双飞西园草。
感此伤妾心，坐愁红颜老。

旅感
唐·杜荀鹤

白发根丛出，镊频愁不开。
自怜空老去，谁信苦吟来。
客路东西阔，家山早晚回。
翻思钓鱼处，一雨一层苔。

　　这些与青苔有关的古诗中，诗人除了借用青苔，还把青苔与其他意象组合，分别表达了哪些思念之情呢？

为什么苔适合写到禅诗里？

题僧房

唐·王昌龄

棕榈花满院，苔藓入闲房。
彼此名言绝，空中闻异香。

苔藓的静谧幽寂与禅宗里亲近自然、排除一切外在干扰而达到内心清明的"静"不谋而合。偏僻孤生的苔催发诗人内心对禅思的观悟。诗人以禅心写苔，将静谧幽深之感带进纯净空明的禅境中，令人沉浸在静守本心的禅悦之中。

鹿 柴

唐·王维

空山不见人，但闻人语响。
返景入深林，复照青苔上。

题扬州禅智寺

唐·杜牧

雨过一蝉噪，飘萧松桂秋。
青苔满阶砌，白鸟故迟留。
暮霭生深树，斜阳下小楼。
谁知竹西路，歌吹是扬州。

西芳寺（亦号苔寺）

现代·老舍

老僧禅罢播青苔，
引水分沙着意栽。
山色轻添苔色碧，
一灯幽处拜如来。

在不同的环境中，例如书房里、山间溪流旁，还有幽静的寺庙里，你欣赏青苔的时候，心情、感受相同吗？如果不一样，你觉得是什么原因呢？

苔为何也能绽放青春？

苔

清·袁枚

白日不到处，青春恰自来。
苔花如米小，也学牡丹开。

苔"花"尽管平凡，微小如米粒，却像牡丹那样努力绽放。一个"恰"字，表达的是青苔凭借自己旺盛的生命力，突破重重障碍，有如花一样灿烂的生命之美！

苔之歌

2013 年，一位支教老师梁俊用谱曲的古诗打开山区孩子们的心扉，点亮孩子们的梦想。孩子们早也唱，晚也唱，在教室唱，在家里唱，唱出了一首首经典之歌。

2018 年春节，梁俊老师带着贵州山里的孩子，在中央电视台用天籁之音深情演绎了袁枚的《苔》。这首沉寂了 300 年的小诗，一经传唱，便打动了无数人。

找一找《苔》这首现代歌曲，听一听，唱一唱吧。

苔藓并不开花，诗人却写苔学牡丹开花，你认为原因有哪些？

如果你是苔藓，你会选择学习牡丹开花吗？为什么？

《植物王国的小矮人 苔藓植物》

张力、左勤、洪宝莹著 广东科技出版社

该书介绍苔藓植物是什么、有哪些类别以及苔藓植物的形态构造、繁殖和传播方式、如何识别苔藓植物等基础知识，是认识苔藓的入门读物。

《中国常见植物野外识别手册 苔藓册》

张力、贾渝、毛俐慧著 商务印书馆

该书精选中国苔藓植物代表88科186属306种。当你在户外远足时，带上一枚手执放大镜、一台相机和一把小喷壶，再连同这本书，就可以尝试认识苔藓并欣赏其独特之美了。

《苔藓之美》

张力、左勤、毛俐慧著 江苏凤凰科学技术出版社

该书收录近110种别具特色的苔藓植物，以悉心绘制的绘画作品、野外生态实物摄影图片、大师级的书法作品、简洁优美的文字为素材，全方位展示苔藓之美。

《苔藓植物多样性及其保护》

曹同、郭永良等编著 中国林业出版社

该书较全面地介绍了苔藓植物多样性及其保护相关知识，图文并茂，通俗易懂。

《中国高等植物彩色图鉴 第1卷 苔藓植物》

张力、左勤编 科学出版社

该书以野外原色照片配中英文简述的模式展开，收录615种国内苔藓植物，是中国苔藓植物多样性和苔藓之美的一个缩影。

《中国苔藓图鉴》

吴鹏程、贾渝等著 中国林业出版社

该书以苔藓分类学为基础，介绍了107科410属1018种苔藓植物，展示了苔藓植物与环境的关系及其化学内含物，是科学与艺术相结合的创新典范。

《本草纲目》

李时珍著，钱超尘、温长路、赵怀舟、温武兵校注 上海科学技术出版社

全书分上、下两册，在忠实于金陵本《本草纲目》的基础上，通过对影印本的校注、勘误、标点等，尽力再现《本草纲目》原貌。

《全国中草药汇编》

王国强主编 人民卫生出版社

该书比较系统、全面地总结、整理了全国中草药关于认、采、种、养、制、用等方面的经验，并结合相关国内外科研技术资料编写而成。

《苔玉和青苔》

（日）砂森聪著，李静译 中原农民出版社

该书从苔玉和青苔的制作方法、养护要领、适合制作的植物种类及赏玩方式，全方面地介绍了苔玉和青苔那温柔朴实、欣欣向荣的迷人魅力。

《玩苔藓》

（日）日本 NHK 出版编，谭尔玉译 河南科学技术出版社

该书由 6 位日本园艺名师汇多年经验编写而成，主要全面介绍苔藓相关知识，展现园艺名师的苔藓作品和制作步骤。

《有苔生活——苔藓盆景制作、养护与赏析》

（日）木村日出资、大岛惠著，时雨译 福建科学技术出版社

该书介绍了如何以苔藓为主、山野草为辅，创作出造型优美、意境深远的苔藓盆栽或苔庭，还介绍了常见苔藓盆景制作的素材和用具、苔藓园艺中适用苔藓的选择方法及日常养护管理方法等。

《和水木三秋一起玩苔藓》

水木三秋著 水利水电出版社

该书从苔藓是什么讲起，以图文形式呈现如何设计、制作苔藓微景观。·

《苔玉》

（法）杰瑞米·塞古达、弗兰克·萨德兰著，林苑（北京）科技有限公司译 中国林业出版社

该书将带你探索苔玉的梦幻世界，学习如何塑造苔藓球、养护苔玉、观赏自己的作品。

《苔藓新视界》

邱阳主编 中国林业出版社

该书以全新的视角，呈现了苔藓在家庭园艺、景观设计中的应用，介绍了常用于景观园艺的苔藓种类、养殖方法等。

《说文解字》

许慎著，徐铉校定 中华书局

《说文解字》开创了部首检字的先河，段玉裁称这部书"此前古未有之书，许君之所独创"。

《王维诗集》

（唐）王维著，（清）赵殿成笺注 上海古籍出版社

本书以乾隆元年赵殿成《王右丞集笺注》为底本，参校以《四库全书》，是一部完备可靠的王维诗集校注本。

《全唐诗》

彭定求编校 中华书局

《全唐诗》卷帙浩繁，题材宽泛，众体兼备，是后代各诗的榜样。

《全宋词》

唐圭璋编 中华书局

《全宋词》收录宋词齐全，编排合理，是研究宋词的重要参考书，对中国文学的影响极为深远。

图书在版编目（CIP）数据

苔 / 钱锋主编；冯永本册主编 . —— 济南 ：济南出
版社 ，2020.6（2021.10 重印）
（万物启蒙）
ISBN 978-7-5488-4372-6

Ⅰ . ①苔… Ⅱ . ①钱… ②冯… Ⅲ . ①苔类植物 - 青
少年读物 Ⅳ . ① Q949.35-49

中国版本图书馆 CIP 数据核字（2020）第 104383 号

出 版 人 / 崔 刚
责任编辑 / 韩宝娟 姜海静
特约审稿 / 林良徵
摄 影 / 张 力 左 勤
插 图 / 李诗华 徐丽莉 黄嵅沛
封面设计 / 焦萍萍

出版发行 / 济南出版社
地 址 / 济南市二环南路 1 号
网 址 / www.jnpub.com
印 刷 / 济南鲁艺彩印有限公司
版 次 / 2020 年 8 月第 1 版
印 次 / 2021 年 10 月第 2 次印刷
成品尺寸 / 210 mm × 270 mm 16 开
印 数 / 7 001—1 0000 册
印 张 / 4.75
字 数 / 85 千
审 图 号 / GS（2020）3083 号
定 价 / 36.00 元

（如有印装质量问题，请与印刷厂联系调换）